食·新味

倾 ♥ 心

享烘焙

王森◎主编

吉林科学技术出版社

图书在版编目（CIP）数据

食·新味．倾心享烘焙 / 王森主编．-- 长春：吉林科学技术出版社，2019.8
ISBN 978-7-5578-5765-3

Ⅰ．①食… Ⅱ．①王… Ⅲ．①烘焙－糕点加工 Ⅳ．① TS972.12 ② TS213.2

中国版本图书馆 CIP 数据核字（2019）第 160704 号

食·新味
QINGXIN XIANG HONGBEI

倾心享烘焙

主　　编	王　森
出 版 人	李　梁
责任编辑	朱　萌　冯　越
封面设计	吉林省吉广国际广告股份有限公司
制　　版	长春美印图文设计有限公司
幅面尺寸	167 mm×235 mm
字　　数	200千字
印　　张	12.5
印　　数	1-7 000册
版　　次	2019年8月第1版
印　　次	2019年8月第1次印刷

出　　版	吉林科学技术出版社
发　　行	吉林科学技术出版社
地　　址	长春市福祉大路5788号出版集团A座
邮　　编	130118
发行部电话 / 传真	0431-81629529　81629530　81629531
	81629532　81629533　81629534
储运部电话	0431-86059116
编辑部电话	0431-81629518
印　　刷	吉林省吉广国际广告股份有限公司

书　　号	ISBN 978-7-5578-5765-3
定　　价	39.90元

如有印装质量问题　可寄出版社调换
版权所有　翻印必究　举报电话：0431-81629508

广告经营许可证号：2200004000048

前言
FOREWORD

会烘焙，更懂爱！

让美味的玛德琳偶遇醇香四溢的卡布奇诺；

让甜香的杏仁巧克力碰撞丝滑的布丁奶茶；

让黑加仑司康牵手浓纯的香橙汁……

亲手为自己做一道温暖心灵的甜品，在牛奶与小麦粉的混合中，体会食物的馈赠之美；在糖与油的调和中，感受生活的甜蜜之情。在冬季，阳光穿过玻璃洒进房间，一块软软的提拉米苏，配上一杯十里飘香的焦糖玛奇朵咖啡，回忆着一段能够向有心人诉说的往事……一场倾心的烘焙之旅，便能够温暖你的身心，陪伴你发现生活的美好。

《倾心享烘焙》正是你需要的美食秘籍，有饼干、面包、蛋糕和下午茶甜点的详细做法。每一款美食的制作方法都简单易学，希望给每一位读者带来甜蜜而流连忘返的烘焙体验。

目录
CONTENTS

第三章 **面包**

第四章 # 蛋糕

第五章　**下午茶甜点**

第一章
烘焙小课堂

丁零零，开始上课啦！烘焙前，我们先要学习一些基础的烘焙知识，你需要准备哪些材料和工具呢？

烘焙所需要的材料

高筋面粉

中筋面粉

低筋面粉

面粉、杂粮

面粉分为高筋面粉、中筋面粉和低筋面粉三种。高筋面粉用来制作面包，中筋面粉用来制作中式点心、蛋挞皮与派皮，低筋面粉用来制作蛋糕和饼干。杂粮是由多种谷物粉混合而成，做杂粮面包时加入即可。

白砂糖

细砂糖

糖粉

绵白糖

砂糖、糖粉、绵白糖

砂糖大致分为白砂糖、黄砂糖、红砂糖三种，可据各自用途来选用。粗砂糖是大块状砂糖，用于撒在面包或曲奇表面；细砂糖是颗粒较小的砂糖，用于一般的蛋糕和饼干的制作中。把砂糖磨成粉状，加入淀粉混合而成的就是糖粉，糖粉广泛使用于蛋糕装饰、糖衣和曲奇的制作中。绵白糖质地较软且细腻，但没有砂糖的纯度高。

酵母粉　　　　　泡打粉

膨松剂

酵母粉可使面坯发酵，它大致分为鲜酵母粉、干酵母粉和即发酵母粉三种。泡打粉作为使蛋糕和曲奇膨胀的一种化学膨松剂，可以去除苦味并使面坯发酵。泡打粉的膨松系数是烘焙用小苏打的2～3倍，它可使坯料向两侧膨胀。

奶粉

奶粉

奶粉是将牛奶脱水后制成的粉末。烘焙时加入奶粉可以增加制品的奶香味。

黄油　　　　　植物油

油

油是烘焙的基本原料之一。黄油通常使用无盐黄油，有时加入配料油。无盐黄油可用人造黄油、起酥油替代，但口味和营养都不如无盐黄油，而且反式脂肪酸含量高，最好不用。烘焙中还经常使用植物油。

盐

牛奶

盐

盐加入烘焙制品中，可以调节口味，提高韧性和弹性。但要注意，在制作面包时，盐会抑制酵母粉的发酵。

牛奶

制品中加入牛奶可以增加面团的湿润度，也可使制品有奶香味。

淡奶油

奶酪

淡奶油

淡奶油是由牛奶提炼而成的，将其打发成奶油，可以用于装饰裱花。淡奶油需要冷藏保存。

奶酪

奶酪是用牛奶制成的发酵品，可以用来做蛋糕、面包。

核桃 　　　葡萄干

鸡蛋

坚果、果脯

核桃在锅中稍微炒一下，或在烤箱中烤至酥脆，可除杂味，味道更香。果脯主要有葡萄干、蓝莓干、蔓越莓干等，使用前最好在朗姆酒或温水中泡一下。

鸡蛋

制作面包、饼干、蛋糕时都要加入鸡蛋。通常把鸡蛋置于室内常温储存，如长时间保存，建议冷藏。一枚鸡蛋的质量一般为50克，蛋白、蛋黄和蛋壳的比例为6：3：1。

巧克力酱

巧克力

白芝麻

黑芝麻

花生碎

肉松

椰丝

蜜红豆

红豆沙

果酱

蜂蜜

其他添加材料

　　巧克力酱、巧克力、白芝麻、黑芝麻、花生碎、肉松、椰丝、蜜红豆、红豆沙、果酱、蜂蜜等都是烘焙的添加材料，可以丰富制品口感。

抹茶粉

可可粉

咖啡粉

榛子粉

杏仁粉

其他粉类

　　目前市场上有许多天然粉类，例如抹茶粉、可可粉、咖啡粉等，将它们加到面包、饼干和蛋糕中，便可呈现多种颜色。可可粉是可可豆磨碎而成，可用于制作饼干或蛋糕；榛子粉是榛仁磨碎而成，在烘焙中经常用到；杏仁粉是用杏仁磨成的粉，将其添加在蛋糕中，可以丰富蛋糕的口味。

烘焙所需要的工具

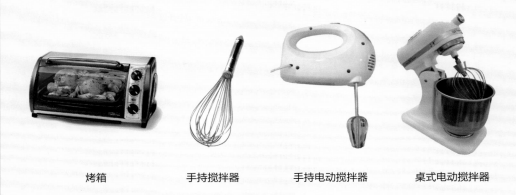

烤箱　　　　　手持搅拌器　　　　手持电动搅拌器　　　桌式电动搅拌器

　　烤箱是烘焙的必备工具。有天然气烤箱、电烤箱和传统燃料烤箱等多种类型。无论选什么类型，适合自己最重要。需要注意的是，在使用烤箱烘焙前，都要先预热烤箱。

　　烘焙制作中通常需要两种搅拌器，一种是手持搅拌器，另一种是电动搅拌器。一般来说，手持的用来搅拌蛋黄糊；电动的用来打发蛋白、淡奶油等，量少的时候可以用手持电动搅拌器，量大的话，就需要用到桌式电动搅拌器了。

电子秤　　　　　　　　　　　量杯　　　　　　　　　　　量匙

　　在西点制作过程中，正确地称量食材的质量对于提高配方的成功率来说是很重要的。电子秤可以用来称量多种食材，在称量之前要记得去掉盛放食材器皿的质量。

　　量杯可以用来量取液体类的食材，使用量杯一定要在平稳的操作台上进行，从正面查看刻度。

　　量匙可以用来量取少量的液体和粉类食材，盛满一匙后，表面超出的部分用手指或者尺子刮掉即可。

玻璃碗

搅拌盆

平盆

双层盆

　　根据不同的需要，可以在制作西点的过程中选择各种大小的盆和碗。盛放原料、混拌面糊或蛋白霜、打发淡奶油、隔水加热、静置冷却等过程中都需要用到盆和碗。

　　不锈钢盆的传导性较好，用于隔水加热或者隔冰水降温时，能够快速导热。玻璃碗隔热效果好，且美观实用。

锯齿刀

　　这种刀具主要用来切割蛋糕。

橡皮刮刀

　　用来混拌材料，也可以用来刮除粘在搅拌盆上的面糊、奶油等。

蛋糕模

　　烘烤蛋糕的模具，有不同的尺寸和形状。

电磁炉

　　用来加热浆料、烫制泡芙面糊或熬煮糖浆等。

擀面杖

　　用来擀制面团。

钢尺

　　可以正确测量长度，也可用于切割面团和蛋糕。

刮板
用于混拌材料，或者将盆内剩余的面糊等刮出来。

滚轮针
给面皮扎孔的工具。

裱花嘴
用来将奶油或面糊等挤出。裱花嘴有不同大小和形状，可根据需要选择合适的裱花嘴。

烤盘
盛放烘烤制品的器皿。

软胶模
烘烤蛋糕的模具。

毛刷
用来涂抹糖浆或蛋液等。

抹刀
用来抹平奶油。

切面刀
分割面团的工具。

吐司模

烘烤吐司的模具。

网架

用来放置烤好的
制品，使其冷却。

网筛

用于粉类材料
或液体材料的过筛。

圆形压模

用来压出各种
大小的圆形面饼。

小奶锅

用于制作奶油、馅料、
酱汁或熬糖等。

备注：

1. 不同的烤箱在性能存在着一定的差异，因此本书中所写的烘烤时间仅供参考。具体的烘烤时间和温度可以进行微调。烘烤时可根据烘烤制品的状态来调整时间。

2. 若无特别标识，本书中用到的鸡蛋的质量一般在50克左右。

3. 烘烤之前，烘焙制品刷的蛋液、黄油，蘸的面粉、奶粉、糖粉等均不包含在配方里。如不特殊说明，蛋液指的是鸡蛋的全蛋液。

4. 如不特殊说明，本书中的黄油均为无盐黄油。

5. 为了方便操作，本书将液体的质量也计为克，可以一同使用电子秤称重操作，省去了单独使用量杯的过程。

第二章
饼干

简单、精致、美味……一口酥脆的饼干一点点融化你的心，让人念念不忘，幸福亦不过如此！

奶油曲奇饼干

　　曲奇是cookie的英文音译，最早做曲奇的其实是德国人，20世纪80年代，曲奇由欧美传入中国。曲奇属于高糖、高油的高热量食品，不宜多吃。

奶油曲奇饼干

◎原料　　　低筋面粉500克，黄油200克，糖粉150克，鸡蛋1个。

◎步骤

1 将黄油切成小块，放入金属容器中。

2 将金属容器泡入沸水中，隔水熔化黄油至液体状。

3 将糖粉过筛，加入黄油搅拌均匀。

4 加入蛋清搅拌均匀，再加入蛋黄继续搅拌至糖浆黏稠有韧性。

5 将低筋面粉筛入搅拌好的蛋糊中，用硅胶铲继续搅拌均匀。

6 将搅匀的面糊放入裱花袋中，挤到不粘烤盘上。

7 将烤盘放入烤箱中，以150℃烘烤20分钟即可。

奶油杏仁小圆饼

◎原料　黄油125克，绵白糖50克，蛋黄20克，盐2克，低筋面粉120克，杏仁粉80克，泡打粉1克。

◎步骤

1 将黄油、绵白糖、盐、泡打粉倒进一个大碗中，用搅拌器打至微发。

2 加入蛋黄，充分搅拌均匀，再用网筛筛入杏仁粉。

3 加入过筛的低筋面粉，用刮刀搅拌均匀成面团。

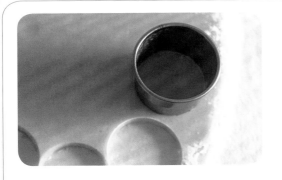

4 将拌好的面团用擀面杖擀成约1厘米厚，然后用直径5厘米的圆形压模压出小圆饼。

5 将压出的小圆饼均匀地摆放在烤盘中，在表面刷上蛋黄液，然后用叉子在上面划出条纹。

6 放入烤箱中，以上火170℃、下火150℃烘烤16分钟左右，待表面呈金黄色就可以出炉了。

成品

黑白双色饼干

◎ 原料 中筋面粉200克，可可粉少许，蛋清20克，白砂糖80克，盐1克，黄油130克，香草精1滴。

◎ 步骤

1 将黄油和白砂糖混合搅拌约5分钟，再加入蛋清混合均匀。

2 加入中筋面粉、盐、香草精，用手搅拌均匀成饼干料（注意不可以长时间搅拌以避免粉料上劲）；取出一半的饼干料，加入少许可可粉搅拌成棕色。

3 分别将白色和棕色的面团擀成长方形面片。

4 将两片面片分别刷上一层蛋液，并将刷有蛋液的一面粘在一起。

5 将粘好的面片卷成直径约为5厘米的圆柱形，放入冰箱冷冻。

6 冷冻后切片，摆在烤盘上，放入烤箱中，用180℃的炉温烘烤12分钟即成。

成品

蘑菇饼干

　　蘑菇饼干是一种常见的儿童饼干，也是一种适合与家里孩子一起制作，获得亲子乐趣的饼干。制作饼干既可以培养孩子的动手能力，又可以让孩子有成就感。除了用可可粉做蘑菇饼干的染色剂和调味剂之外，我们还可以用甜菜汁或菠菜汁制作出各种颜色的饼干。

蘑菇饼干

◎原料　　低筋面粉①120克，低筋面粉②100克，黄油100克，糖粉60克，泡打粉①1克，泡打粉②1克，蛋液50克，可可粉20克。

◎步骤

1 将室温软化的黄油打发至细腻顺滑。

2 筛入糖粉，再将蛋液分三次加入并搅拌均匀。

3 将打好的黄油糊分成两份，其中一份筛入低筋面粉①、泡打粉①，搅拌均匀成黄油面团。

4 另一份筛入低筋面粉②、可可粉、泡打粉②，搅拌均匀成可可面团。

5 将可可面团分成均匀的若干个小面团，放在铺好烘焙纸的烤盘上，做成蘑菇头的样子，将黄油面团留出一小部分，剩余的分成若干份，做成蘑菇柄的形状，放在蘑菇头的下面。

6 取留出的小部分黄油面团做蘑菇上的小点点。

7 将做好的饼干坯放入烤箱中，以上、下火180℃烘烤15分钟即可。

米老鼠饼干

◎ **原料**　　中筋面粉200克，蛋清20克，白砂糖80克，盐2克，黄油130克，香草精2滴，巧克力20克。

◎ **步骤**

1 将黄油和白砂糖混合搅拌约5分钟，再加入蛋清、香草精混合均匀。

2 加入过筛的中筋面粉、盐，用手搅拌均匀成饼干料，注意不可以长时间搅拌，以避免粉料上劲。

3 将饼干料擀成约0.5厘米厚的面片。

4 用模具按压成米老鼠形状的饼干坯。

5 将饼干坯整齐地放在烤盘上，放入烤箱中，用170℃的炉温烘烤12分钟后取出。

6 将巧克力隔水熔化，装入裱花袋，简单装饰饼干表面即可。

成品

奶油芝士饼干

◎原料　　中筋面粉150克，白巧克力碎100克，奶油奶酪225克，苏打粉3克，鸡蛋1个，白砂糖75克，盐1克，黄油50克。

◎步骤

1 将黄油和白砂糖混合搅拌约5分钟，再加入鸡蛋混合均匀。

2 加入过筛的中筋面粉、盐，搅拌均匀成饼干料，注意不可以长时间搅拌，以避免粉料上劲。

3 加入奶油奶酪和白巧克力碎揉均。

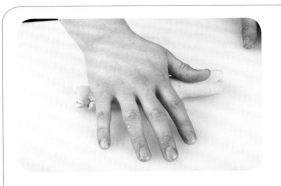

4 将饼干料搓成直径约4厘米的长棍形状，放入冰箱冷冻2小时。

5 取出切成约0.5厘米厚的圆片，摆放在烤盘上。

6 将烤盘放入烤箱，用180℃的炉温烘烤12分钟即成。

成品

巧克力核桃棒

◎原料　中筋面粉400克，黄油250克，核桃碎150克，黑巧克力碎120克，
蛋液100克，泡打粉5克，苏打粉3克，盐3克，白砂糖200克，
香草精3滴，白巧克力10克。

◎步骤

1 将中筋面粉、泡打粉、苏打粉混拌均匀，再过细筛成粉料。

2 将黄油、白砂糖、盐放入容器中，混合搅拌5分钟，加入蛋液、香草精调匀。

3 放入粉料。

4 加入黑巧克力碎和核桃碎，充分搅拌均匀成饼干粉团。

5 将饼干粉团揉搓成直径约2厘米的长条，再切成每个约10厘米长的饼干段。

6 将饼干段整齐地摆在烤盘上，用180℃的炉温烘烤12分钟，取出凉凉，在饼干表面挤上少许熔化的白巧克力即成。

成品

香浓咖啡曲奇

◎ **原料**　低筋面粉175克，即溶咖啡粉15克，黄油120克，糖粉100克，
蛋黄15克，盐1克。

◎ **步骤**

1 将黄油、盐、糖粉倒入一个大碗中，用搅拌器打发。

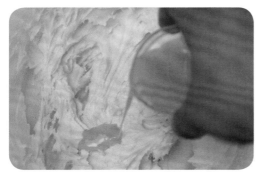

2 加入蛋黄，充分搅拌均匀。

3 加入过筛的低筋面粉、即溶咖啡粉，搅拌成面团。

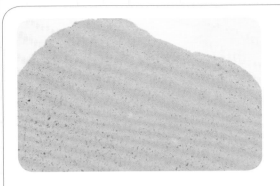

4 将面团擀开成约0.3厘米厚的面片。

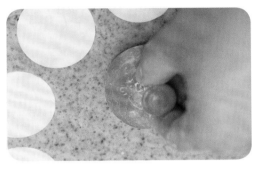

5 将面片用压模压出形状成饼干坯。

6 将饼干坯均匀地摆放在烤盘中，以上火180℃、下火160℃烘烤18分钟，出锅即成。

成品

黑巧克力碎饼干

◎ 原料　　中筋面粉250克，黄油135克，黑巧克力碎100克，鸡蛋1个，苏打粉5克，白砂糖150克，盐2克。

◎ 步骤

1 将中筋面粉、苏打粉放入容器中拌匀，过细筛成粉料，加入熔化的黄油搅拌均匀，加入鸡蛋搅拌。

2 加入白砂糖和盐，混合搅拌5分钟。

3 加入黑巧克力碎，充分搅匀成饼干面团，将饼干面团揉搓后稍醒。

4 将面团先搓成直径约4厘米的长条，再切成每个约15克的小面剂。

5 将面剂揉成圆形，表面粘上少许黑巧克力碎，整齐地摆在烤盘上。

6 将烤盘放入烤箱中，用170℃的炉温烘烤15分钟至金黄酥脆，取出凉凉，装盘上桌即可。

成品

玛格丽特饼干

◎原料　　　低筋面粉100克，黄油100克，糖粉50克，熟蛋黄2个，玉米淀粉100克。

◎步骤

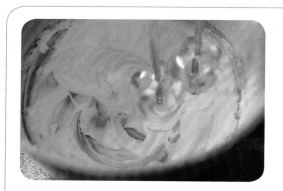

1 将室温软化的黄油打发至颜色发白，放入过筛的糖粉，搅拌均匀。

2 将熟蛋黄擀压成细末。

3 将熟蛋黄末与打发的黄油混合搅拌均匀。

4 筛入低筋面粉和玉米淀粉，搅拌均匀。

5 将拌好的面团用保鲜膜包好，放入冰箱冷藏30分钟。

6 将冷藏好的面团取出，揉成拇指大小的小圆球，放到铺好烘焙纸的烤盘上，食指和中指并紧，用指肚按压小圆球。放入烤箱中，以上、下火160℃烘烤18分钟即可。

成品

杏仁蓝莓曲奇

◎原料　黄油80克，糖粉50克，蛋黄35克，低筋面粉110克，蛋清5克，杏仁碎70克，蓝莓果酱70克。

◎步骤

1 将糖粉和软化好的黄油倒在一个大碗中，用搅拌器搅至微发的状态。

2 将蛋黄加入步骤1的材料中，搅拌均匀，加入过筛的低筋面粉，用橡皮刮刀拌成团，再用保鲜膜包起来，放进冰箱冷藏室松弛10分钟左右。

3 在桌面上撒上少许面粉，取出松弛好的面团，揉成直径约2.5厘米的长条，用切面刀分成一个一个的小剂子，揉成圆，用小毛刷在表面刷上一层薄薄的蛋清。

4 将面团粘上杏仁碎，摆放在烤盘上。

5 用手指在面团中间按压一下，在中间挤上蓝莓果酱。

6 将烤盘放入烤箱中，以上火180℃、下火150℃烘烤15分钟，表面呈金黄色就可以出炉了。

成品

雪球

◎原料　　黄油170克，低筋面粉225克，糖粉50克，盐1克，熟核桃碎40克，
　　　　熟白芝麻15克。

◎步骤

1　将黄油、糖粉、盐搅拌均匀。

2　加入熟核桃碎、熟白芝麻，拌匀。

3　加入过筛的低筋面粉，拌匀，揉成面团。

4 将面团分割成7克左右的小剂子，滚圆放在烤盘上。

5 将烤盘放入烤箱中，以上火180℃、下火160℃烘烤20分钟，表面上色后取出。

6 待烤好的面球凉了之后，蘸满糖粉即可。

成品

手指饼干

　　手指饼干是一种起源于阿拉伯的原始饼干，原料容易获取，做法相对简单，是甜品店必备的品种。一般初学烘焙的朋友最早接触的也是这种饼干，因为手指饼干看颜色变化和膨胀程度就能知道火候大小。

手指饼干

◎原料　　　鸡蛋2个，低筋面粉50克，细砂糖①50克，细砂糖②20克。

◎步骤

1 将蛋清放到容器中打发，在打发的过程中分三次加入细砂糖①。

2 打发蛋黄，在打发的过程中加入细砂糖②。

3 将打发的蛋黄和蛋清混合搅拌均匀。

 **4** 筛入低筋面粉。

5 将面粉和蛋液搅拌均匀成面糊。

6 将面糊倒入裱花袋中。

7 将面糊挤到抹好黄油的烤盘上，挤成手指的形状，放入烤箱中，以上、下火180℃烘烤18分钟即可。

覆盆子马卡龙（法式）

◎ 原料　　蛋清55克，蛋白粉1克，白砂糖25克，糖粉90克，杏仁粉50克，红色素适量，覆盆子果酱适量。

◎ 步骤

1 将糖粉、杏仁粉过筛混合备用；蛋清、蛋白粉放入盆中，高速搅拌至发泡。

2 在打发蛋清和蛋白粉的过程中，分三次加入白砂糖，继续搅拌至蛋白糖粉充分发泡，呈尖峰状。

3 将混合的糖粉和杏仁粉倒入步骤2材料中，用刮刀轻轻混合，再加入红色素，使面糊呈柔软、松绵的状态。

4 以压拌式混合面糊，直至面糊呈黏稠、细滑又有光泽的状态。

5 将面糊装入装有直径1厘米圆形裱花嘴的裱花袋中，在铺有高温布的烤盘内均匀地挤成圆形。

6 入烤箱，以上火170℃、下火120℃烘烤10分钟，待"裙边"出现后，将温度改至上火120℃、下火170℃烘烤8分钟；将两片烤好的制品中间夹入覆盆子果酱，马卡龙就做好了。

成品

焦糖香蕉饼干

◎ 原料　　中筋面粉190克，干香蕉碎50克，盐1克，白砂糖95克，鸡蛋1个，
黄油115克，香草精少许，水10克。

◎ 步骤

1 将50克的白砂糖加入10克水煮成焦糖，凉凉后将焦糖片敲成小碎片。

2 将黄油和剩余的白砂糖、香草精混合搅拌约5分钟，再加入鸡蛋混合搅拌均匀。

3 加入过筛的中筋面粉、盐，用手搅拌均匀成饼干料，注意不可以长时间搅拌，以避免粉料上劲。

4 加入干香蕉碎和焦糖碎，搅拌均匀备用。

5 将饼干料搓成直径约4厘米的长棍形状，切成每个约15克的小面团。

6 将面团压扁，整齐地摆放在烤盘上，放入烤箱中，用180℃的炉温烘烤12分钟，取出即成。

成品

巧克力球

◎原料　黄油80克，糖粉80克，蛋液75克，杏仁粉50克，低筋面粉100克，可可粉30克。

◎步骤

1 将软化好的黄油加入糖粉，搅拌均匀，分三次加入蛋液，充分搅拌均匀。

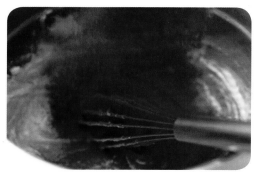

2 把过筛的可可粉加到步骤1的材料中，轻轻拌匀。

3 加入过筛的杏仁粉，拌匀。

4 加入过筛的低筋面粉，用橡皮刮刀拌成面团。

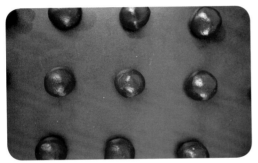

5 将面团分成约20克一个的小剂子，滚圆，均匀地摆放在烤盘中，入烤箱以上火180℃、下火150℃烘烤28分钟，看表面无明显光泽的时候即可出炉。

6 待完全冷透，在表面撒上糖粉即可。

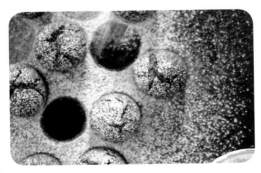

成品

美国提子饼干

◎ 原料　　　中筋面粉300克，提子干60克，白砂糖85克，盐2克，蛋黄60克，
　　　　　　黄油185克，白兰地酒适量。

◎ 步骤

1 将提子干用白兰地酒浸泡24小时；将软化的黄油和白砂糖混合搅拌约5分钟，再加入蛋黄混合均匀。

2 加入过筛的中筋面粉、盐，用手搅拌均匀成面团，注意不可以长时间搅拌，以避免粉料上劲。

3 面团中加入浸泡后的提子干搅拌均匀成饼干料。

4 取长方形模具，撒上少许面粉，将饼干料平铺在盒子里，放入冰箱冷冻2小时。

5 取出饼干料，切成正方形的小块。

6 将饼干坯整齐地摆放在烤盘上，放入烤箱中，以180℃的炉温烘烤12分钟，取出即成。

成品

海苔饼干

　　海苔其实就是我们常吃的紫菜。海苔一词源自日本，在日语中，海苔就写作"海苔"。但是日本的海苔加工非常精细，烤制后的口感和味道更好，所以现在海苔比紫菜更受欢迎。海苔中有很多有益人体的成分，所以妈妈们会经常烤海苔饼干给孩子吃。我们会将海苔饼干做成多种小动物的形状，个头也不大，吃起来美味又方便。

海苔饼干

◎ *原料*　低筋面粉100克，海苔碎2克，小苏打1克，酵母粉1克，盐1克，抹茶粉2克，植物油25克，水35克。

◎ *步骤*

1 将低筋面粉过筛到容器中，加入海苔碎、酵母粉、盐、小苏打。

2 放入抹茶粉，搅拌均匀。

3 倒入植物油、水，用硅胶铲搅拌均匀成面团。

4 将容器盖上保鲜膜，醒发20分钟。

5 把面团擀成3~5毫米厚的面片。

6 用饼干模型压制成造型各异的饼干坯。

7 将饼干坯摆放到烤盘上，放入烤箱中，以上、下火180℃烘烤20分钟即可。

小酥饼

◎原料　细砂糖30克，黄油23克，牛奶10克，蛋清12克，高筋面粉30克，黑芝麻适量。

◎步骤

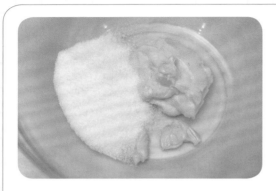

1 将黄油和细砂糖放置在大碗中，拌匀。

2 加入蛋清，充分搅拌均匀。

3 加入过筛的高筋面粉。

4 加入牛奶，充分搅拌均匀成面糊。

5 将面糊装入裱花袋，均匀地挤在烤盘上，大小为1元硬币左右，挤好后轻震几下烤盘，然后在面糊上面撒上黑芝麻。

6 入烤箱以上火180℃、下火160℃烘烤至中间微黄、边缘金黄后出炉。

成品

咸味核桃饼干

◎ 原料　　中筋面粉115克，核桃碎100克，盐5克，蛋液25克，黄油100克。

◎ 步骤

1 将黄油、盐和中筋面粉混合搅拌约5分钟。

2 加入核桃碎和蛋液混合搅拌均匀。

3 揉搓面团，使食材充分混合。

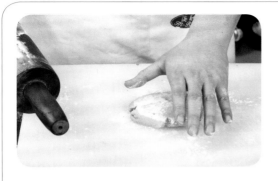

4 将饼干料擀成约0.5厘米厚的面片。

5 用模具压成长方形印花图案。

6 将饼干坯整齐地放在烤盘上，放入烤箱中，以170℃的炉温烘烤15分钟，取出即成。

成品

第三章
面包

面包是温暖、贴心的存在，它可以陪伴你的每一餐，虽不惊艳，但温和长久。

原味吐司

　　吐司，是英文toast的音译，在粤语中叫"多士"，起源于法国。吐司一般分两种做法：如果烤制模具盖盖子，烤出的面包切片后呈正方形；如果烤制模具不盖盖子，烤出的面包为长方圆顶形，类似长方形大面包。吐司面包的普及和面包片烤炉的发明是有关系的。大约17世纪时，法国就有专门烤吐司片的小型烤炉出现了。

原味吐司

◎原料　高筋面粉420克，酵母粉5克，盐2克，奶粉10克，鸡蛋1个，细砂糖 40克，黄油30克，牛奶240克。

◎步骤

1 将牛奶中放入酵母粉，加入少许细砂糖轻轻搅拌，静置30分钟；鸡蛋磕入碗中，将蛋液打散后倒入发酵好的牛奶中，搅拌均匀。

2 高筋面粉过筛后倒入容器中，放入奶粉、盐，倒入步骤1的溶液搅拌至没有干面粉时，加入黄油，搅拌成光滑不粘手的面团。

3 将面团放入容器中，盖上保鲜膜，室温28℃发酵1.5～2小时，发酵至2～2.5倍大。

4 用手指戳一下发好的面团，周围没出现塌陷证明面发得刚刚好。

5 排空面团中的气体，分成三等份，揉至光滑。

6 在模具中抹上黄油，放入面团，二次发酵1小时。

7 将二次发酵好的面团刷上蛋液，放入烤箱中，以上、下火180℃烘烤30分钟，烤好后切片食用即可。

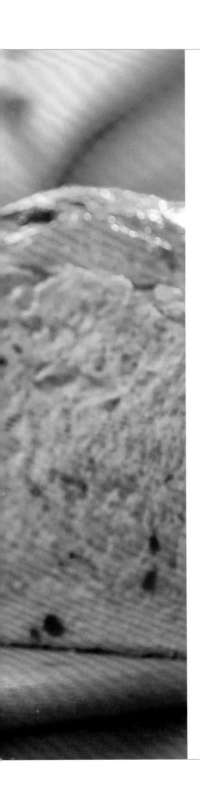

蔓越莓吐司

　　添加了蔓越莓的吐司一般都是从烤箱中烤制出来，不经吐司二次烤脆直接切片食用。味道酸甜的蔓越莓会使吐司口感更佳，也更容易消化。说起蔓越莓，它真是一种神奇的果实。据说北美的印第安人很早就开始食用蔓越莓了，他们将蔓越莓和野牛肉煮在一起，这样牛肉更容易煮烂，也更美味。印第安人还发现蔓越莓有提高免疫力和治疗疾病的功效。如果印第安人中了敌人的毒箭，会把蔓越莓嚼烂敷在伤口上吸收箭毒。后来哥伦布发现美洲大陆，把蔓越莓带到了欧洲。现在蔓越莓成为欧美主妇们必不可少的食材。在感恩节的火鸡制作中，蔓越莓也是标配。

蔓越莓吐司

◎ 原料　　高筋面粉420克，蔓越莓70克，奶粉10克，细砂糖①20克，牛奶240克，
　　　　　酵母粉5克，盐5克，黄油30克，细砂糖②20克，蛋液适量。

◎ 步骤

1 温牛奶中放入细砂糖①，再加入酵母粉，轻轻搅拌，静置30分钟；将蛋液加入发酵好的牛奶中，搅拌均匀。

2 将过筛的高筋面粉、细砂糖②、奶粉、盐、蔓越莓放入搅拌机中，搅拌均匀。

3 加入软化的黄油，边搅拌边倒入制好的牛奶酵母粉水，搅拌成光滑的面团，再放入容器中，室温28℃发酵1.5~2小时。

4 当发酵好的面团是原来的2~2.5倍大时，用手指在面团的中间戳一个孔，如果周围不出现塌陷，证明面团发酵得刚刚好。

5 取出面团放在案板上，按压排气后分成三等份。

6 吐司模具中抹上黄油，放入面团，二次发酵1小时。

7 在发酵好的面包坯上刷一层蛋液，放入烤箱中，以上、下火180℃烘烤30分钟，取出切片食用即可。

红豆沙吐司

◎ 原料　　高筋面粉400克，白砂糖72克，盐4克，酵母粉4克，奶粉16克，鸡蛋3个，水168克，黄油48克，红豆沙110克。

◎ 步骤

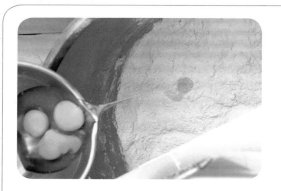

1 将高筋面粉、白砂糖、酵母粉、奶粉倒入盆中，搅匀；加入鸡蛋、水，慢速搅打两分钟，再快速搅打，打至面团光滑。

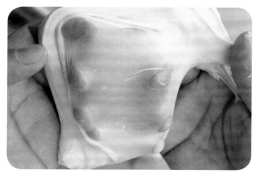

2 加入黄油和盐，打至面筋完全扩展，用手可拉出透明薄膜状。

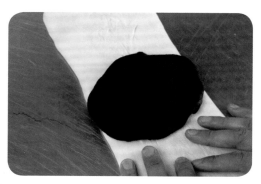

3 将面团分成2等份，搓圆后盖上保鲜膜，在常温下静置50分钟后，将面团分别擀开，包入红豆沙成面饼。

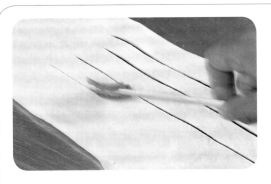

4 将包入红豆沙的面饼擀开，由上往下划开，卷成卷状。

5 将面团装入吐司模，放入发酵箱，发酵温度为30℃，湿度为75%~85%，发酵1小时。

6 发至和吐司模齐平，表面刷蛋液，放入烤箱中，以上火150℃、下火225℃烘烤35分钟至表面呈金黄色即成。

成品

酸奶吐司

◎原料　高筋面粉240克，白砂糖54克，全麦粉60克，酵母粉4克，盐6克，黄油30克，奶粉16克，种面100克，酸奶180克，葡萄干30克，水适量。

◎步骤

1 将高筋面粉、白砂糖、全麦粉、酵母粉、盐、奶粉、种面放入盆中慢速搅拌均匀，加入酸奶和水搅拌成团。

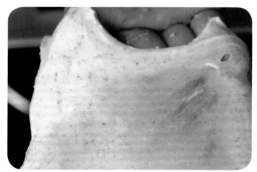

2 快速搅拌至面团光滑，加入黄油搅拌均匀，再快速搅打至面团用手能拉出薄膜。

3 在面团中加入葡萄干搅拌均匀，将面团取出揉圆，醒发60分钟，盖上保鲜膜，松弛30～40分钟，将松弛好的面团进行最终整形。

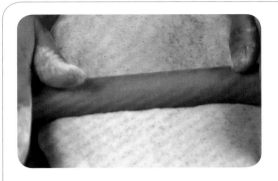

4 用擀面杖将空气擀出，擀成长形面片。

5 将面片从上面往下卷，保持直线，将底部接口收紧，防止底部过度膨胀。

6 将卷好的面包坯放入吐司模，底部朝下，放进发酵箱醒发，醒发箱温度为35℃，湿度为75%，醒发至吐司模的八成满就可以了，盖上吐司模盖，放入烤箱中，以上火210℃、下火190℃烘烤35～38分钟即可。

成品

黑加仑司康

　　司康来自英语scone的音译，这是一种英式面包。司康的命名来自它岩石一样的外形，因为苏格兰皇室的一块圣石就被人们称作司康之石(stone of scone)。这块圣石对苏格兰非常重要，苏格兰皇室的加冕就在圣石的所在地。

黑加仑司康

◎原料　低筋面粉250克，盐2克，泡打粉10克，黑加仑50克，鸡蛋1个，
细砂糖25克，牛奶100克，黄油60克，核桃仁碎50克。

◎步骤

1 容器中加入过筛的低
筋面粉、泡打粉、
盐、细砂糖，搅拌均匀成
粉料。

2 从冰箱中取出黄油，
切成小块，再与过筛
的粉料充分混合。

3 将牛奶倒入打散的蛋
液中，搅拌均匀。

4 将蛋奶液倒入步骤2的粉料中，搅拌至没有干粉。

5 加入核桃仁碎、黑加仑做成厚度为0.2厘米左右的面饼。

6 在面饼表面撒上一层干面粉。

7 烤盘上抹上薄薄的一层黄油，用直径为3厘米的压模将面饼制成司康饼坯，放在烤盘上，刷上一层蛋液，放入烤箱中，以上、下火220℃烘烤15分钟即可。

奶酪水果包

◎原料　高筋面粉①100克，高筋面粉②100克，水①40克，水②32克，酵母粉①1克，酵母粉②2克，白砂糖40克，盐2克，奶粉8克，鸡蛋1个，黄油30克，奶酪酱58克，黄桃适量。

◎步骤

1 将高筋面粉①、水①、酵母粉①搅匀，盖上保鲜膜，常温发酵2小时，发酵到用手撕开呈蜂窝状，做种面。

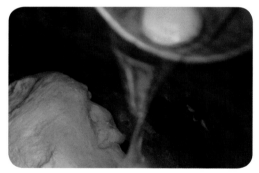

2 将高筋面粉②、白砂糖、酵母粉②、奶粉倒进种面中，搅匀后加入鸡蛋、水②，先搅匀，再快速搅拌，打至面团光滑。

3 加入黄油和盐，搅打至面筋完全扩展，用手可拉出透明薄膜状。

4 将面团分为多个，搓圆盖上保鲜膜，在常温下静止40分钟。

5 将面团分别搓长，编成麻花状，放入纸托中，入发酵箱，发酵温度为30℃，湿度为75%~85%，发至原体积的两倍大。

6 表面刷蛋液，放入黄桃，挤上奶酪酱，入烤箱，以上火210℃、下火170℃烘烤8分钟至表面呈暖黄色，取出即可。

成品

双胞兄弟

◎ 原料　高筋面粉200克，白砂糖40克，盐2克，酵母粉2克，奶粉8克，鸡蛋1个，水72克，黄油30克，黑巧克力30克，巧克力豆18克，泡芙馅料适量。

◎ 步骤

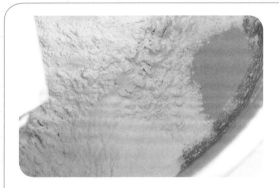

1 将高筋面粉、白砂糖、酵母粉、奶粉倒进盆中搅匀。

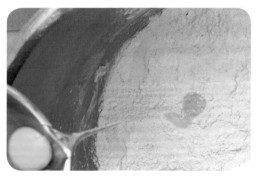

2 加入鸡蛋、水，搅匀，再快速搅拌，打至面团光滑；加入黄油和盐，打至面筋完全扩展，用手可拉出透明薄膜状。

3 将面团分为多个，搓成圆球，盖上保鲜膜，在常温下静置40分钟。

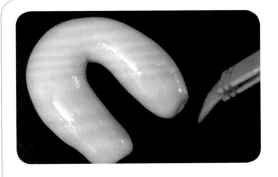

4 将面团搓至10厘米长，用手折弯呈"U"型，入发酵箱，发酵温度为30℃，湿度为75%~85%，发酵1小时至原体积的两倍大。

5 刷蛋液，挤上泡芙馅料（下附做法），放入烤箱中，以上火210℃、下火170℃烘烤8分钟至表面呈金黄色。

6 完全冷却后，将黑巧克力隔水熔化，抹在面包两头，然后粘上巧克力豆即可。

泡芙馅料做法：

将水、植物油、牛奶各30克放入小盆里煮沸，加入30克低筋面粉，搅匀后加入30克鸡蛋液，搅拌成面糊状即可。

成品

双味面包

◎原料　　高筋面粉200克，抹茶粉3克，白砂糖40克，盐2克，酵母粉2克，
　　　　　奶粉8克，鸡蛋1个，水72克，黄油30克，蔓越莓干150克，
　　　　　沙拉酱48克，红豆沙吐司面团720克。

◎步骤

1 将高筋面粉、白砂糖、
盐、酵母粉、抹茶
粉、奶粉倒进盆中，搅匀
后加入鸡蛋和水，搅匀后
再快速搅拌，打至面团
光滑。

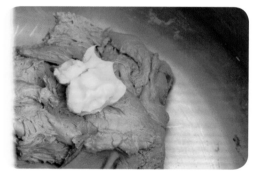

2 加入黄油，打至面筋
完全扩展，用手可拉
出透明薄膜状。

3 将面团分为多个，搓
圆后盖上保鲜膜，在
常温下静置40分钟。

4 将绿茶面团包入120克红豆沙吐司面团，擀长，再包入蔓越莓干，卷成卷，入发酵箱，发酵温度为30℃，湿度为75%~85%，发酵1小时。

5 发至两倍大就可以烤了。刷蛋液，在面包上划两刀，在划痕处挤入沙拉酱。

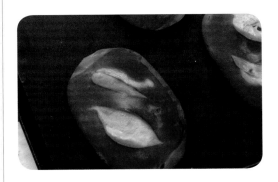

6 入烤箱，以上火210℃、下火170℃，大约烘烤8分钟至表面呈金黄色，取出即可。

成品

汤种毛毛虫面包

　　汤种有些像中国北方的"水面起子"，作用是使面团发酵良好的同时，提高面团的含水量和口感。使用汤种的面包口感松软、纹理纤细、入口湿润。毛毛虫样的汤种面包是孩子们的最爱。

汤种毛毛虫面包

◎原料　高筋面粉①250克，高筋面粉②15克，酵母粉4克，盐1.5克，奶粉30克，鸡蛋1个，牛奶①110克，牛奶②65克，黄油25克，细砂糖①30克，细砂糖②10克，蛋黄1个，肉松适量。

◎步骤

1 将过筛的高筋面粉①倒入容器中，加入细砂糖①、奶粉、盐、酵母粉、牛奶①、鸡蛋、黄油，搅拌成光滑不粘手的面团。

2 把面团放到容器中，盖上保鲜膜，放入烤箱中发酵，待面团发至1.5~2倍大时取出。

3 将牛奶②倒入锅中，加入蛋黄、细砂糖②、过筛的高筋面粉②，用小火加热，边加热边搅拌成糊状，汤种就做好了。

4 将汤种与发酵好的面团充分混合揉匀，醒发20分钟。醒好后，把面团分成两份。

5 把面团擀成厚度为5毫米左右、长度为15～20厘米的长方形面片。在面片的一端撒上肉松。面片的另一端切成1厘米宽的条形。

6 将面片沿着有肉松的一端慢慢卷起成毛毛虫的形状的面包坯。

7 做好的面包坯放在烤盘上，醒发30分钟后刷上一层蛋液。放入预热好的烤箱，以上、下火170℃烘烤10～15分钟，香喷喷的面包就烤好了。

酸奶面包

◎原料　　高筋面粉200克，全麦粉60克，原味酸奶100克，黄油15克，酵母粉5克，盐2克，s-500面包改良剂5克，水120克。

◎步骤

1 将高筋面粉、全麦粉、酵母粉、盐、s-500面包改良剂放入搅拌机内，以慢速挡慢慢加入水搅拌成面团，再改用快速挡搅拌12分钟，取出，加入黄油和原味酸奶和至面团光滑。

2 将面团分成两个小面团，放在工作台上，表面覆盖保鲜膜，醒发30分钟。

3 挤出面团中的气泡，将面压成直径约10厘米的面饼。

4 将面饼从上向下卷，封口。

5 制作成长条形，放入醒发箱。

6 待完全醒发后，表面撒上高筋面粉，切一个刀口，放入烤箱打蒸汽，以上、下火180℃烘烤40分钟至面包上色均匀，取出即成。

成品

奶酪包

◎原料　高筋面粉250克，黄油25克，细砂糖①30克，细砂糖②20克，酵母粉4克，盐1.5克，奶粉①30克，奶粉②30克，牛奶①110克，牛奶②10克，鸡蛋1个，奶酪100克。

◎步骤

1 将过筛的高筋面粉放入容器中，加入细砂糖①、奶粉①、盐、酵母粉、鸡蛋、黄油、牛奶①搅拌成光滑不粘手的面团。

2 将面团发酵至原来的1.5~2倍大，取出面团，排空气体后揉成圆形面团，放在铺好烘焙纸的烤盘上。

3 将烤盘放入烤箱中，以上、下火170℃烘烤30分钟。

4 烤好的面包取出凉凉，切成四份。

5 将牛奶②、细砂糖②、奶粉②、奶酪混合，搅拌均匀，涂抹在面包上。

6 将面包蘸满奶粉和糖粉即可。

成品

维嘉面包

◎原料　高筋面粉200克，白砂糖40克，盐2克，酵母粉2克，奶粉8克，鸡蛋1个，水72克，黄油30克，奶酪10克，维嘉馅料适量。

◎步骤

1 将高筋面粉、奶酪、白砂糖、酵母粉、奶粉倒进盆中搅匀。

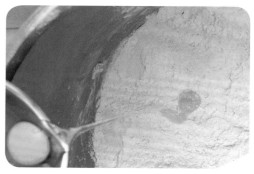

2 加入鸡蛋和水，先搅匀，再快速搅拌，搅打成光滑的面团。

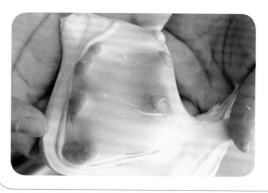

3 加入黄油和盐，搅打至面筋完全扩展，用手可拉成透明薄膜状。

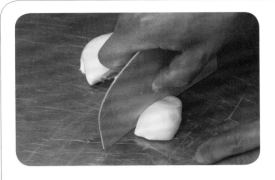

4 将面团分为6份，搓圆后盖上保鲜膜，在常温下静置40分钟。

5 分别将每个面团分成4份，搓圆后放在面包纸托内，入发酵箱，发酵温度为30℃，湿度为75%~85%。

6 发至两倍大就可以准备烤了，挤上维嘉馅料，放入烤箱中，以上火210℃、下火170℃烘烤8分钟至表面呈金黄色即可。

维嘉馅料做法：

> 将65克黄油、12克糖粉、25克低筋面粉、15克蛋黄搅拌均匀即可。

成品

意大利佛卡夏面包

◎原料　高筋面粉400克，盐9克，s-500面包改良剂5克，酵母粉6克，橄榄油20克，水300克，干百里香5克，黑橄榄20克，洋葱丝20克，蒜蓉8克，意大利混合香料10克。

◎步骤

1 将高筋面粉、盐、s-500面包改良剂、酵母粉放入搅拌机内，以慢速挡慢慢加入水搅拌成面团，再改用快速挡搅拌10分钟，取出后加入蒜蓉、橄榄油、意大利混合香料和至面团光滑。

2 将面团分成4份。

3 用擀面杖将面团擀成椭圆形。

4 表面刷上橄榄油，用手指在面团上按上小坑，放入发酵箱。

5 待完全醒发后取出，撒上干百里香、黑橄榄、洋葱丝。

6 放入烤箱中，以180℃烘烤18分钟至上色，取出即成。

成品

蔓越莓贝果

◎原料　　高筋面粉450克，低筋面粉50克，白砂糖50克，奶粉10克，盐11克，
　　　　酵母粉3克，水300克，蔓越莓300克，装饰糖浆适量。

◎步骤

1 将所有材料（除蔓越莓）混合搅拌至表面光滑有弹性，加入蔓越莓搅拌均匀成面团，室温静置20分钟。

2 将面团分割成10等份，揉成圆形的面团，静置40分钟。

3 揉搓面团，将面团排气，然后卷成圆柱形，对接成圆圈形。

4 将面团放入发酵箱，以温度30℃发酵60分钟。

5 将发酵好的面包坯放入装饰糖浆里面，每面烫约15秒，捞出沥干。

6 将面包坯放入烤箱中，以上火210℃、下火170℃烘烤16分钟即可。

装饰糖浆做法：

> 2000克水、100克白砂糖一起煮开即可。

成品

水果比萨

◎ 原料　高筋面粉200克，白砂糖40克，盐2克，酵母粉2克，奶粉8克，鸡蛋1个，水72克，黄油30克，红豆沙85克，番茄酱28克，黄桃粒18克，玉米粒22克，菠萝粒28克，沙拉酱16克，芝士丝22克。

◎ 步骤

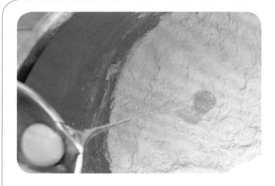

1 将高筋面粉、白砂糖、酵母粉、奶粉倒进盆中，搅匀后加入鸡蛋和水，先搅匀，再快速搅拌，打至面团光滑。

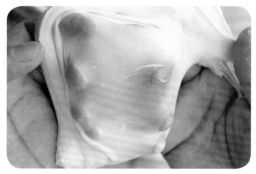

2 加入黄油、盐，打至面筋完全扩展，用手可拉成透明薄膜状。

3 将面团搓圆，盖上保鲜膜，在常温下静置40分钟后包入红豆沙做成饼坯。

4 将饼坯做成和烤盘一样大小的圆饼，表面用擀面杖均匀地按压几下，入发酵箱，发酵温度为30℃，湿度为75%～85%，发至两倍大。

5 表面刷蛋液，挤上番茄酱，放入黄桃粒、玉米粒和菠萝粒，挤上沙拉酱，铺上芝士丝，放入烤箱中，以上火210℃、下火170℃烘烤8分钟至表面呈金黄色。

6 冷却后平均切成8份即可。

成品

芝士热狗

◎原料　高筋面粉200克，白砂糖40克，盐2克，酵母粉2克，奶粉8克，鸡蛋1个，水72克，黄油30克，沙拉酱60克，芝士碎48克，熟热狗6个，干葱8克，光亮剂适量。

◎步骤

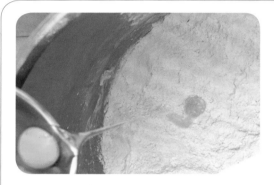

1 将高筋面粉、白砂糖、酵母粉、奶粉倒进盆中搅匀，加入鸡蛋、水，先搅匀，再快速搅拌，打至面团光滑。

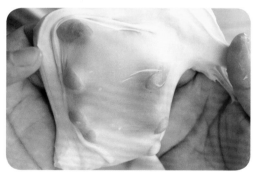

2 加入黄油、盐，搅拌均匀，搅打至面筋完全扩展，用手可拉成透明薄膜状。

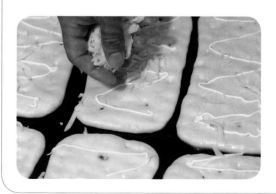

3 将面团分为多个，搓圆，盖上保鲜膜，在常温中静置40分钟后，将面团做成长10厘米、宽5厘米的长方形饼坯，入发酵箱，发酵温度为30℃，湿度为75%～85%，发至两倍大就可以烘烤了。

4 在饼坯上刷蛋液，挤上沙拉酱，撒上芝士碎，入烤箱，以上火210℃、下火170℃烘烤8分钟至表面呈金黄色。

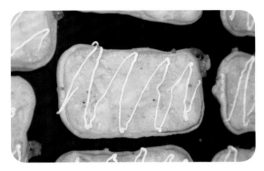

5 出炉后表面可以刷上光亮剂，面包凉透后，翻面，挤上沙拉酱。

6 卷入一个熟热狗，表面用干葱点缀即可。

光亮剂配方：

蛋黄、糖浆、植物油各50克一起搅拌均匀即可。

成品

阳光芝士饼

◎原料　高筋面粉200克，奶酪10克，白砂糖36克，盐2克，酵母粉2克，奶粉8克，鸡蛋1个，水76克，黄油24克，热狗片100克，干葱2克，沙拉酱30克，玉米粒100克，番茄酱30克，芝士碎100克。

◎步骤

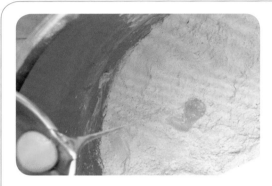

1 将高筋面粉、奶酪、白砂糖、酵母粉、奶粉倒进盆中，搅匀，加入鸡蛋、水，搅匀后再快速搅拌，打至面团光滑。

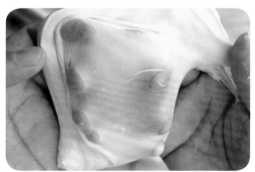

2 加入黄油、盐，搅打至面筋完全扩展，用手可拉成透明薄膜状。

3 将面团分为多个，搓圆，盖上保鲜膜，在常温下静置40分钟后，将面团擀得和烤盘一样长，入发酵箱，发酵温度为30℃，湿度为75%～85%。

4 面饼发至两倍大就可以烘烤了，在面饼上按一些小坑后刷蛋液。

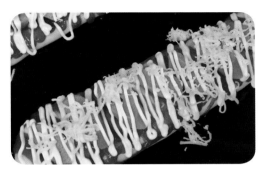

5 表面挤上番茄酱，放上热狗片、玉米粒，挤上沙拉酱，铺上芝士碎、干葱。

6 放入烤箱中，以上火210℃、下火170℃烘烤8分钟（烤盘底部再垫一个烤盘烘烤，避免烤焦），烤至表面呈金黄色即可。

成品

土豆面包

◎原料　　高筋面粉200克，盐3克，s-500面包改良剂5克，酵母粉5克，
　　　　土豆泥50克，黄油12克，水150克。

◎步骤

1 将高筋面粉、盐、s-500面包改良剂、酵母粉放入搅拌机内，以慢速挡慢慢加入水、黄油、土豆泥搅拌成面团，再改用快速挡搅拌约12分钟取出。

2 将面团放在工作台上，醒发20分钟，表面覆盖保鲜膜。

3 将大面团分成35克一份的小面团，搓成小圆球。

4 将7个小圆球放在烤盘上，围成一个圈。

5 将面包坯放入醒发箱，待完全醒发后，表面撒上高筋面粉。

6 用剪刀在每个面团剪一个小口，放入烤箱中，侧面以180℃烘烤30分钟至面包上色均匀，取出即成。

成品

法式长面包

◎原料　　高筋面粉500克，盐8克，s-500面包改良剂5克，酵母粉5克，水360克。

◎步骤

1 将高筋面粉、盐、s-500面包改良剂、酵母粉、水和至面团表面光滑。

2 将面团分成80克一份的小面团，放在工作台上静置一会儿。

3 表面覆盖保鲜膜，醒发30分钟，使用压面机将面团压成40厘米长的长方形面片。

4 将面片从上向下卷成圆柱形。

5 将圆柱形面包坯搓成法式长面包形状，放入模具中，送入醒发箱，待完全醒发后拿出。

6 用刀片在表面划5个刀口，放入烤箱中，以上、下火180℃烘烤30分钟至面包上色均匀，开盖烘烤10分钟后取出即成。

成品

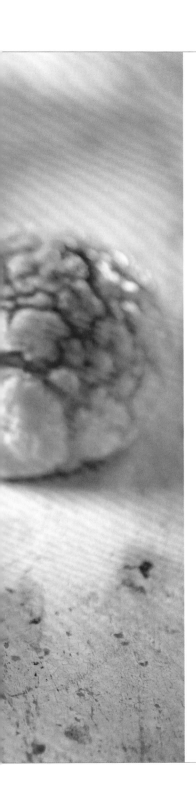

菠萝油

　　菠萝包是我国香港的一种最常见的甜味面包，菠萝包得其名是因为面包上面顶着的金黄色酥面纹理，像菠萝的菱形网状外皮，其实里面没有菠萝的成分。在香港差不多每一间西饼店都会售卖菠萝包，不少茶餐厅也都提供。现在，香港还有一种升级版的菠萝包——菠萝油，其实就是将一片冻黄油夹到刚出炉的菠萝包中间，让黄油慢慢地融化到菠萝包中。比起菠萝包，菠萝油看起来和吃起来都会更香，但不是所有人都能受得了高胆固醇含量的菠萝油。

菠萝油

◎原料　高筋面粉200克，白砂糖40克，盐2克，酵母粉2克，奶粉8克，鸡蛋1个，水72克，黄油30克，菠萝皮适量。

◎步骤

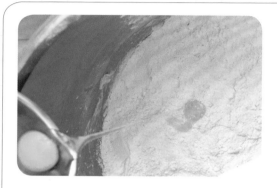

1 将高筋面粉、白砂糖、水、酵母粉、奶粉倒进盆中，搅匀，加入鸡蛋，搅匀，再快速搅拌至面团光滑。

2 加入黄油和盐。

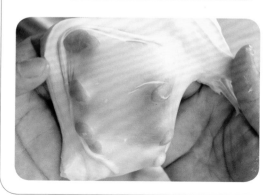

3 将面团搅打至面筋完全扩展，用手可拉成透明薄膜状。

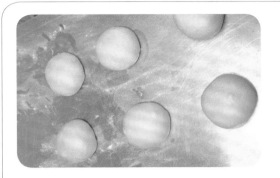

4 将面团分为6个小面团，搓圆后盖上保鲜膜，在常温下静置40分钟。

5 将小面团包入菠萝皮，入发酵箱，发酵温度为30℃，湿度为75%～85%，发酵1个小时，面团发至两倍大就可以烤了。

6 将菠萝皮用手捏上，表面刷蛋黄液，烤箱温度为上火210℃、下火170℃，大约烘烤8分钟至表面呈金黄色，出炉后将面包切开半后夹1片黄油即可。

菠萝皮做法：

将25克黄油、11克白砂糖、5克蛋液放在一起搓匀后，加入45克低筋面粉，揉匀即可。

玫瑰杏仁面包

◎原料　高筋面粉175克，白砂糖25克，牛奶44克，酵母粉2克，盐3克，黄油10克，奶粉13克，种面50克，酸奶80克，杏仁片30克。

◎步骤

1 将高筋面粉、白砂糖、酵母粉、盐、奶粉和种面放入盆中，慢速搅拌均匀，再加入酸奶和牛奶搅拌成团。

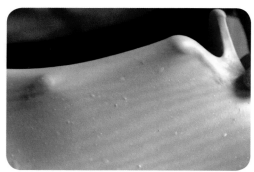

2 快速搅打至面团光滑，加入黄油，搅拌均匀至面团吸收，再快速打至面团用手能拉成薄膜状。

3 将面团取出，揉圆，放入烤盘，盖上保鲜膜，醒发60分钟后分割成25个小面团，揉圆。

4 将小面团用擀面杖擀成直径约5厘米的面片，每5个擀好的面片层层叠起，每片之间错开一点距离，从上往下卷，不要卷太紧，防止花瓣粘太紧。

5 将卷好的面包坯从中间用切面刀切断成2份。

6 将面包坯放入四角纸杯，入发酵箱进行最终醒发，发酵箱温度为35℃，湿度为75%，醒发1小时；在醒发好的面包表面轻轻刷上蛋液，撒上杏仁片，放入烤箱中，以上火210℃、下火190℃烤16～18分钟即可。

成品

十字面包

◎ 原料　高筋面粉300克，木糖醇70克，黄油60克，酵母粉5克，鸡蛋1个，盐3克，s-500面包改良剂3克，牛奶100克，朗姆酒100克，豆蔻粉1克，葡萄干50克，杂果皮5克，十字面糊适量。

◎ 步骤

1 将葡萄干和杂果皮用朗姆酒浸泡12小时备用；将高筋面粉、木糖醇、酵母粉、盐、s-500面包改良剂、豆蔻粉放入搅拌机内，以慢速挡慢慢加入鸡蛋和牛奶搅成面团。

2 改用快速挡搅拌10分钟，再用慢速挡加葡萄干、黄油、杂果皮搅至面团光滑后取出。

3 轻柔面团，使葡萄干和杂果皮完全融入面团中，将面团分成每35克一个的小面团。

 将小面团揉搓成圆形。

5 将小面团放入发酵箱，待完全醒发后，在小面团表面刷上蛋液。

 挤上十字面糊线，放入烤箱中，以180℃烘烤20分钟至面包上色均匀，取出即成。

十字面糊做法：

> 将30克水、25克低筋面粉、5克牛奶、1克泡打粉、盐1克搅拌均匀，即成十字面糊。

 成品

核桃全麦面包

◎ 原料　　高筋面粉200克，全麦粉150克，核桃仁30克，葡萄干30克，杏仁片30克，酵母粉10克，s-500面包改良剂5克，盐5克，黄油40克，水150克。

◎ 步骤

1 将高筋面粉、全麦粉、酵母粉、s-500面包改良剂、盐、黄油倒入搅拌机中，慢慢加入水搅拌至面团起筋，表面光滑，取出。

2 将面团放在28℃的环境中醒发30分钟。

3 将醒发好的面团擀长，撒上葡萄干、核桃仁、杏仁片。

4 将面团卷起后放入模具中。

5 用刀从中间割开，再次醒发至原面团2倍大。

6 放入烤箱中，以180℃烘烤30分钟至熟透即可。

成品

火腿芝士面包

　　这是一种可以和比萨媲美的美食。在地中海沿岸,火腿芝士面包是一种很普遍的面包,这种面包更适合喜欢咸口面食的中国北方人。芝士的口感和火腿的香味非常适合作为早餐食用。如果赶不上吃早餐,可以将火腿芝士面包在微波炉中热一下,然后装入便当盒,到公司后配咖啡或豆浆食用。

火腿芝士面包

◎ 原料　高筋面粉250克，黄油30克，盐2克，细砂糖10克，酵母粉3克，鸡蛋1个，芝士片4片，火腿250克，水适量。

◎ 步骤

1 在高筋面粉中加入盐、细砂糖、酵母粉、鸡蛋、黄油，边搅拌边加水。

2 搅拌至面团光滑不粘手，面团发酵需要1.5~2小时。

3 火腿切成片。

4 将发好的面团放到面板上，用手将里面的空气压出，把面团分成4份，团成圆形醒发15分钟。

5 将醒好的面团分别擀成椭圆形，放一层火腿片，再放一层芝士片。

6 从上往下慢慢卷起，把两边的口分别收紧后再捏在一起，用刀在面包坯的上面划一个小口，然后沿着切开的部分向两边掰开。

7 在做好的面包坯上刷一层蛋液，放入发酵箱二次发酵30分钟，发酵好的面包坯放入烤箱中，以180℃烘烤20分钟即可。

培根芝士

◎原料　高筋面粉①100克，高筋面粉②100克，水①40克，水②32克，酵母粉①1克，酵母粉②2克，白砂糖40克，盐2克，奶粉8克，鸡蛋1个，黄油30克，玉米粒18克，沙拉酱24克，芝士碎18克，干葱6克，培根适量。

◎步骤

1 将高筋面粉①、水①、酵母粉①搅匀，常温醒发两小时，盖上保鲜膜，手撕开呈蜂窝状即醒发好成种面。

2 将高筋面粉②、白砂糖、酵母粉②、奶粉倒入种面的盆中，搅匀后加入鸡蛋和水②，先搅匀，再快速搅拌，打至面团光滑。

3 加入黄油和盐，打至面筋完全扩展，用手可拉成透明薄膜状。

4 将面团等分成若干份，搓圆后盖上保鲜膜，在常温下静置40分钟。

5 将面团做成橄榄形，表面戳一些洞，并用擀面杖压一下，放入发酵箱，发酵温度为30℃，湿度为75%～85%，发至原体积的两倍大，表面刷蛋液，四周包入一片中间用小刀划开的培根，培根中间放入玉米粒。

6 在表面挤沙拉酱，撒上芝士碎，放入烤箱中，以上火210℃、下火170℃烘烤8分钟至表面呈金黄色，表面用干葱点缀即可。

成品

燕麦面包

◎原料　高筋面粉180克，燕麦粉60克，盐4克，木糖醇12克，黄油15克，s-500面包改良剂6克，酵母粉3克，燕麦片30克，水170克，可可粉20克。

◎步骤

1 将高筋面粉、燕麦粉、盐、可可粉、木糖醇、s-500面包改良剂、酵母粉放入搅拌机，以慢速挡慢慢加入水搅拌成面团，改用快速挡搅拌10分钟，再加入黄油搅拌至面团光滑后取出。

2 将面团分成每20克一个的小面团，放在工作台上，醒发30分钟，醒发后敲打面团，挤出面团中的气泡。

3 反复揉搓面团。

132

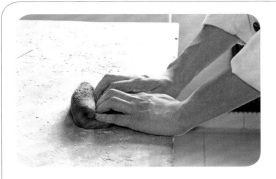

4 将面团擀成25厘米长的长条形，从上向下卷起，呈圆柱形面包坯。

5 在面包坯表面均匀地撒上燕麦片。

6 用刀片在表面划2个刀口，放入醒发箱，待完全醒发后，放入烤箱中，以180℃烘烤30分钟至面包上色均匀，取出即成。

成品

第四章
蛋糕

黄油、面粉、奶油、浆果……
美好又简单的蛋糕让你全身心向
往，给自己的小日子加勺糖！

杏仁海绵蛋糕

◎原料 　　蛋液225克，杏仁粉165克，糖粉100克，低筋面粉50克，蛋清150克，
　　　　绵白糖90克，黄油35克，杏仁片适量。

◎步骤

1 将杏仁粉、低筋面粉、糖粉过筛到一个大碗中。

2 倒入蛋液，拌成面糊。

3 加入化成液体的黄油，充分地搅拌均匀备用。

4 将绵白糖加入蛋清中，打成蛋白糖霜。

5 将面糊与蛋白糖霜拌匀，注模七八分满。

6 入烤箱以上火190℃、下火170℃先烘烤15分钟，然后在表面撒上杏仁片，再入烤箱烘烤15分钟至表面呈金黄色，取出即成。

成品

香蕉马芬

◎ 原料　　低筋面粉200克，香蕉1根，鸡蛋2个，牛奶85克，白砂糖80克，盐2克，植物油60克，泡打粉8克。

◎ 步骤

1 将香蕉去皮切成段，碾压成泥。

2 将香蕉泥倒入大容器中。

3 将鸡蛋、植物油、牛奶、白砂糖、盐混合，搅拌均匀。

4 将低筋面粉、泡打粉过筛到香蕉泥中，用硅胶铲拌匀。

5 将搅拌好的香蕉面糊倒入步骤3中，搅拌均匀。

6 将香蕉面糊倒入纸杯中，八成满，放入烤箱中，以180℃烘烤25分钟即可。

成品

迷你玛德琳

◎ **原料**　鸡蛋3个，细砂糖120克，蜂蜜20克，低筋面粉150克，黄油225克，泡打粉2克，盐2克。

◎ **步骤**

1 将鸡蛋和细砂糖混合，用搅拌器搅拌均匀。

2 加入蜂蜜，再次搅拌均匀。

3 加入低筋面粉、盐和泡打粉，搅拌均匀。

4 加入软化的黄油。

5 搅拌至面糊状，放入冰箱冷藏半天。

6 将面糊装入裱花袋中，挤到模具里，再放入烤盘中，以180℃烘烤15分钟即可。

成品

可可玛德琳

　　玛德琳全称是玛德琳娜贝壳蛋糕，是一款经典的法式小蛋糕。据说，玛德琳娜是法国科梅尔西城里为贵族服务的本地女仆，因为厨师在做甜品时溜号，作为应急的替补，玛德琳娜做了平民小甜点——贝壳蛋糕。没想到主人吃后非常满意，就将小甜点以玛德琳娜的名字命名。

　　可可玛德琳闻名于世要感谢法国文学名著《追忆似水年华》中对玛德琳娜贝壳蛋糕的细致描写。

可可玛德琳

◎原料　　　低筋面粉35克，可可粉15克，泡打粉2.5克，巧克力25克，鸡蛋1个，
香草精1克，蜂蜜8克，细砂糖40克，朗姆酒25克，黄油60克。

◎步骤

1 容器中倒入热水，将黄油隔水加热至完全熔化；将鸡蛋打散。

2 将细砂糖、低筋面粉、泡打粉、蜂蜜、香草精加入步骤1中，搅拌均匀呈面糊状。

3 筛入可可粉，搅拌均匀后倒入朗姆酒。

4 将巧克力切碎，放入面糊中，充分搅拌至巧克力完全溶化。

5 将巧克力面糊倒入裱花袋中。

6 模具上先刷一层薄薄的黄油，再将巧克力面糊挤入模具中，八分满就可以了。

7 将注有巧克力面糊的模具放入烤箱中，以180℃烤15分钟即可。

大理石蛋糕

◎原料　低筋面粉①50克，低筋面粉②35克，黄油100克，糖粉100克，蛋液100克，可可粉15克，泡打粉①1克，泡打粉②1克，黑巧克力15克。

◎步骤

1　将黄油与糖粉混合，搅拌至微发。

2　分次加入蛋液，搅拌均匀。

3　将拌好的蛋糊平均分成两份，其中一份倒入泡打粉①和低筋面粉①，轻轻拌匀。

4 另一份加入泡打粉②、低筋面粉②、可可粉和融化好的黑巧克力，拌匀。

5 将两份面糊倒在一起，轻轻地拌一下。

6 将材料注模至七八分满，入烤箱以上火180℃、下火170℃烘烤45~50分钟即可。

成品

咖啡核桃杯子蛋糕

◎ 原料　黄油50克，细砂糖50克，鸡蛋液50克，低筋面粉100克，泡打粉1克，苏打粉1克，盐1克，咖啡粉10克，牛奶70克，核桃仁17克，耐烘烤巧克力豆50克，糖粉1克。

◎ 步骤

1 将咖啡粉倒进煮沸的牛奶中，煮5～8秒后离火凉凉，这样咖啡的香味就可以充分地散发出来。

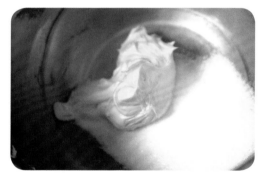

2 将软化好的黄油和细砂糖倒入盆里，用搅拌器打发，打到颜色发白。

3 分3～5次加入蛋液，每次充分搅拌均匀之后再加下一次。

4 用小的网筛把低筋面粉、泡打粉、盐、苏打粉筛进去，用橡皮刮刀拌匀。

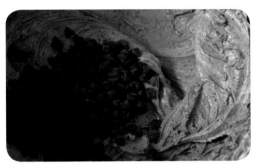

5 用细的网筛把煮好的咖啡牛奶过筛到面糊中，搅拌均匀；把耐烘烤巧克力豆加进去，搅拌均匀。

6 将面糊装入裱花袋，挤在杯子模具里，八九分满即可，再把准备好的核桃仁放置在中间，入烤箱以上火190℃、下火150℃烘烤约28分钟，烤熟后放在网架上待凉，完全冷却之后，在表面筛上一层薄薄的糖粉就可以食用了。

成品

草莓杏仁杯子蛋糕

◎原料　低筋面粉120克，黄油75克，细砂糖50克，蛋液50克，杏仁粉25克，泡打粉3克，盐1克，草莓果酱50克，杏仁片20克，新鲜草莓50克。

◎步骤

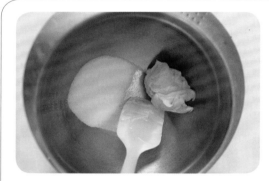

1 将软化好的黄油、细砂糖倒入盆中，用橡皮刮刀打发，打到颜色发白就可以了。

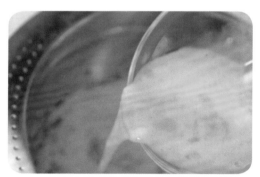

2 分3~5次把蛋液加进去，每次充分搅拌均匀之后再加下一次。

3 加入草莓果酱，搅拌均匀，再加入泡打粉、盐、低筋面粉、杏仁粉，搅拌均匀。

4 加入切好的新鲜草莓，用橡皮刮刀搅拌均匀。

5 将以上做好的材料装入裱花袋，挤在杯子模具里，八九分满，在表面均匀地撒上一层杏仁片。

6 入烤箱以上火180℃、下火150℃烘烤约28分钟出炉，出炉之后放在网架上待凉即可。

成品

魔鬼蛋糕

◎原料　低筋面粉70克，鸡蛋4个，牛奶50克，苏打粉2克，绵白糖30克，
　　　　可可粉20克，黄油40克，奶油适量。

◎步骤

1 将绵白糖、黄油、鸡蛋、低筋面粉、可可粉、苏打粉、牛奶混合搅拌均匀，制成蛋糕糊。

2 将蛋糕糊装入模具中。

3 用刮板将蛋糕糊抹平，放入烤箱中，以160℃烘烤35分钟。

4 烤熟后将蛋糕从模具中取出，片成3片。

5 在两层中间均匀地抹上奶油。

6 将成品蛋糕切成小三角形即可食用。

成品

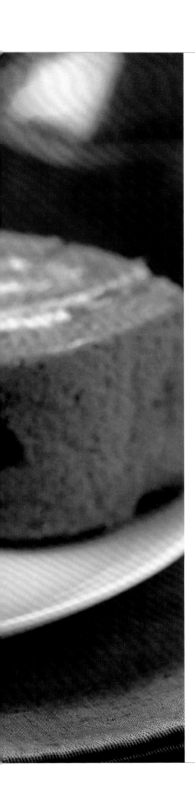

抹茶蜜豆蛋糕卷

　　这是一款既好做又好吃的蛋糕，是招待闺蜜的不错选择，也是很能在朋友面前炫技的一款蛋糕。制作的关键是蛋糕皮的厚度和火候，蛋糕皮太厚不容易卷起来，火候太大容易烤硬、烤裂。

抹茶蜜豆蛋糕卷

◎ 原料　低筋面粉80克，植物油20克，盐2克，细砂糖①30克，细砂糖②20克，鸡蛋2个，牛奶80克，抹茶粉20克，淡奶油100克，蜜豆100克。

◎ 步骤

1 将蛋清和蛋黄分离，蛋黄中加入细砂糖①、植物油，打发至完全融合，再倒入牛奶搅拌均匀，筛入低筋面粉、抹茶粉、盐搅拌均匀。

2 蛋清中放入细砂糖②，打发成干性发泡状态（打发时要分三次加入细砂糖）。

3 将打发的蛋清和步骤1的面糊混合并拌匀。

4 准备好的烤盘铺上烘焙纸，将混合好的蛋糕糊倒在烤盘上，刮平，放入烤箱中，以上、下火180℃烘烤10分钟。

5 将烤好的蛋糕取出，倒扣凉凉，切去蛋糕的角边。

6 将打发的淡奶油均匀地抹在蛋糕上。

7 撒上蜜豆，从蛋糕的一端慢慢卷起，放入冰箱冷藏2小时后切开食用即可。

蜜豆天使蛋糕卷

◎ 原料　　低筋面粉50克，蛋清167克，细砂糖67克，塔塔粉2克，淡奶油适量，蜜红豆100克。

◎ 步骤

1 将蛋清、细砂糖、塔塔粉放入容器中，慢速打化，再快速打至干性发泡。

2 加入低筋面粉，用刮板拌匀。

3 在烤盘中铺上油纸，撒上蜜红豆。

4 将步骤2倒入步骤3中，抹平，表层均匀地撒上蜜红豆。

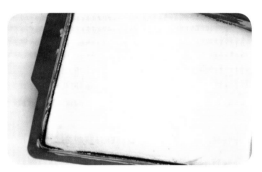

5 入烤箱以上火200℃、下火120℃烘烤约17分钟。

6 将烤好冷却的蛋糕坯倒扣在油纸上，抹上打发的淡奶油，卷起后静置20分钟定型，食用时切块即可。

成品

草莓拿破仑

◎ 原料　高筋面粉400克，低筋面粉600克，水500克，盐18克，黄油130克，起酥片油700克，淡奶油、草莓、糖丝、糖粉各适量。

◎ 步骤

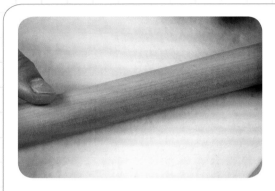

1 将高筋面粉、低筋面粉、盐、黄油和水一起拌匀至面团光滑，取出擀成约1厘米厚的面片。

2 将面片用保鲜膜包好放入冰箱冷冻层至与起酥油片硬度适宜，包入起酥油片开酥3折4次。

3 面团松弛后用开酥机开成0.2厘米厚度面片，打孔并冷藏松弛半小时。

4 入烤箱以上、下火
200℃烘烤35分钟，
取出，表面撒一层糖粉。

5 再次入烤箱，以上火
250℃（不要下火）
烘烤4分钟至表面呈焦糖
色，取出冷却。

6 完全冷却后裁切成需
要的形状与打发的淡
奶油和草莓夹层叠加，表
层可用糖丝装饰即成。

成品

柠檬蛋糕

◎原料 　黄油60克，细砂糖80克，蛋液50克，柠檬汁20克，柠檬皮10克，低筋面粉100克，苏打粉、泡打粉、盐各1克，牛奶60克，奶酥粒适量。

◎步骤

1 将软化好的黄油和细砂糖倒入盆里，用搅拌器打发，从刚开始的黄色打到发白就可以了。

2 分3~5次把蛋液加进去，每次充分搅拌均匀之后再加入另一次。

3 加入柠檬汁，搅拌均匀，再加入柠檬皮，搅拌均匀。

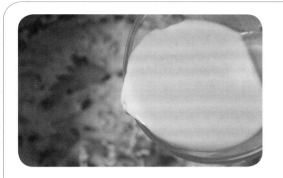

4 加入低筋面粉、泡打粉、盐、苏打粉，继续搅拌均匀，倒入牛奶搅拌均匀。

5 将面糊装入裱花袋，挤在杯子模具里，八九分满即可，在表面撒上奶酥粒。

6 入炉以上火180℃、下火150℃烘烤约30分钟，出炉之后放在网架上待凉就可以食用了。

成品

可可栗子蛋糕

◎原料　低筋面粉150克，黄油225克，绵白糖①57克，绵白糖②57克，栗子泥290克，蛋黄、蛋清各9个，可可粉20克。

◎步骤

1 将软化的黄油与栗子泥拌匀，加入绵白糖①，搅拌均匀。

2 加入蛋黄，拌匀。

3 筛入低筋面粉、可可粉，拌匀。

4 将蛋清与绵白糖②一起打发至中性偏湿性发泡，能拉出鹰嘴状的弧度即可，作为蛋白糖霜备用。

5 取三分之一的蛋白糖霜与栗子面糊一起搅拌均匀，然后加入剩余的蛋白糖霜，一起搅拌均匀。

6 入模约八分满，入烤箱以上火180℃、下火170℃烘烤40～45分钟即可。

成品

黑芝麻奶酪蛋糕

◎ 原料　　奶油奶酪200克，细砂糖70克，柠檬半个，鸡蛋1个，淡奶油100克，
　　　　　黑芝麻粉30克，低筋面粉10克，淀粉9克，饼干碎80克，黄油15克。

◎ 步骤

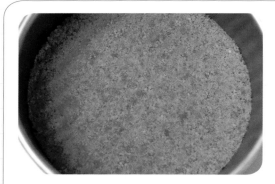

1 将黄油和饼干碎拌混合，充分拌匀，平铺到模具的底部，用勺子压平。

2 将奶油奶酪和细砂糖倒在一起，隔水加热，一直搅拌成膏状，加入鸡蛋，搅拌均匀。

3 加入淡奶油，拌匀，挤入柠檬汁，拌匀。

4 加入所有的粉类材料，
继续拌匀成面糊。

5 将拌好的面糊倒入底部
铺有饼干底的模具中。

6 用水浴法以上、下火
180℃烘烤约1个小时
即可。

成品

提拉米苏

◎ 原料　奶油奶酪375克，白砂糖140克，鸡蛋4个，淡奶油320克，鱼胶片30克，杏仁酒25克，手指饼200克，咖啡粉80克，巧克力蛋糕坯1个。

◎ 步骤

1 奶油奶酪切块，用微波炉解冻至柔软，放入不锈钢盆内，再加入白砂糖，搅拌均匀。

2 边搅拌边加入鸡蛋，搅拌均匀，加入淡奶油搅打均匀。

3 加入加热溶化的鱼胶片，搅拌均匀，加入杏仁酒，调拌均匀，制成慕斯。

4 盆内倒入咖啡粉，放入手指饼浸泡备用。

5 将巧克力蛋糕坯垫入模具底部，均匀地淋上一层慕斯，平铺上手指饼，继续灌入适量慕斯并抹平，再平铺一层手指饼。

6 淋入一层慕斯，和蛋糕模具一样高，放入冰箱中冷藏3小时即成。

成品

红丝绒蛋糕

红丝绒蛋糕的历史不算久远，这还要感谢来自中国的一种古老食材"红曲粉"。红丝绒蛋糕最早是高档餐厅才有的甜品，红曲粉加在原料中给蛋糕带来细滑的质感和神秘的色泽。二十世纪五六十年代，这款蛋糕在美国主妇中流行起来，女主人一般在重要的日子和各种派对中为大家制作这款蛋糕。

红丝绒蛋糕

◎ 原料　低筋面粉120克，淀粉5克，鸡蛋5个，酸奶160克，细砂糖①100克，细砂糖②150克，红曲粉25克，黄油80克，泡打粉8克，吉利丁粉20克，柠檬汁2克，糖粉50克，奶油奶酪200克，水60克，樱桃200克。

◎ 步骤

1 将隔水溶化的黄油放入容器中，加入细砂糖①打发至黄油的颜色发白，加入蛋黄继续打发均匀。

2 筛入红曲粉并搅拌均匀，然后加入酸奶继续搅拌均匀，筛入泡打粉和低筋面粉，用硅胶铲翻拌均匀呈糊状。

3 将蛋清与细砂糖②、淀粉混合打发成蛋白糖霜，与面糊混合，翻拌均匀；在模具的内壁抹上一层黄油，倒入面糊，轻轻震出面糊中的空气，以上、下火170℃烘烤1小时。

4 容器中放入吉利丁粉，倒入水将其溶解，然后隔水加热，使吉利丁粉完全熔化。

5 将奶油奶酪放入容器中，倒入吉利丁溶液搅拌均匀，再加入柠檬汁、糖粉搅拌均匀，制成馅料。

6 将烤好的蛋糕取出后倒扣凉凉，分成上下两部分。

7 将其中一层蛋糕的表面抹上一层馅料，再盖上另一层蛋糕，抹上一层馅料，放入冰箱冷藏1小时，最后放上樱桃做点缀即可。

第五章
下午茶甜点

在闲适的午后，就让我们心无旁骛地开启一场最温暖、最惬意、最悠闲的下午茶闺蜜小聚吧！

抹茶红豆酥

  这道抹茶红豆酥是色香味俱全的烘焙佳品，因为抹茶粉和红豆都具有解暑降火的功效，所以这道点心非常适合在夏天作为茶点食用。在家中做这道点心最重要的是制作酥皮时一定要有耐心，酥皮的层数越多口感越松软，越有入口即化的感觉。

抹茶红豆酥

◎原料　　低筋面粉①100克，低筋面粉②150克，抹茶粉15克，细砂糖15克，水适量，黄油①50克，黄油②50克，蜜豆200克。

◎步骤

1 将黄油①、黄油②分别隔水熔化；低筋面粉②筛入容器中，加入细砂糖、熔化的黄油①、适量的水搅拌均匀后揉成光滑的面团，静置20分钟。

2 在低筋面粉①中筛入抹茶粉、熔化的黄油②，搅拌均匀后揉成光滑的面团，静置20分钟。

3 将白色的油皮面团分成若干个30克的小面团；将绿色的酥皮面团分成若干个15克的小面团，然后将两种颜色的小面团盖上保鲜膜静置20分钟。

4 取白色的面团擀成圆形面片，将绿色小面团包裹起来，滚圆后收口朝下，擀成牛舌状，再由上向下慢慢卷起，静置15分钟。

5 将面卷擀成面片，再由上向下慢慢卷起，静置15分钟。

6 在面卷的中间切一刀，分为均等的两份，然后切面朝上擀成圆形，再将切面朝下放入蜜豆馅包裹严实，滚呈圆形后收口朝下，静置15分钟。

7 静置后摆放在铺好烘焙纸的烤盘上，放入烤箱中，以上、下火175℃烘烤15分钟即可。

蛋黄酥

◎原料　　低筋面粉①100克，低筋面粉②140克，莲蓉150克，咸鸭蛋黄10个，白芝麻6克，黄油①45克，黄油②45克，盐5克，细砂糖20克，水适量。

◎步骤

1 咸鸭蛋黄放入烤箱中，以上、下火170℃烘烤20分钟。

2 将软化的黄油倒入低筋面粉中，搅拌均匀后醒发20分钟，制成酥皮面团，然后将酥皮面团分成若干个面球，每个10克，醒发15分钟。

3 在低筋面粉②中加入细砂糖、盐、黄油②、水，揉成光滑不粘手的面团，醒发20分钟制成油皮面团，然后将油皮面团分成若干个面球，每个10克，醒发15分钟。

4 莲蓉分成若干个30克的小球，碾压成圆饼状，然后把咸鸭蛋黄包裹起来；把油皮面团擀成面皮，把酥皮面团包在面皮中，再擀成夹心面皮。

5 将面皮卷成面卷，将面卷擀成长条面剂子，再次卷成面卷后压成面剂子，再擀成面皮，然后将做好的莲蓉蛋黄馅料包到面皮中揉成饼坯，摆在烤盘上。

6 将蛋液抹在饼坯上，撒上白芝麻，放入烤箱中，以上、下火170℃烘烤25分钟即可。

成品

黑巧克力可可球

◎ 原料　中筋面粉220克，可可粉25克，黑巧克力碎40克，白砂糖45克，盐1克，黄油150克，香草精2滴，鸡蛋2个，糖粉10克。

◎ 步骤

1 将黄油和白砂糖混合搅拌约5分钟。

2 加入鸡蛋、香草精混合均匀。

3 加入中筋面粉、可可粉、盐，搅拌均匀，不可以长时间搅拌以避免粉料上劲，加入黑巧克力碎揉匀。

4 将饼干料揉成直径约4厘米的长棍形状。

5 切成小段后揉成圆形饼干坯。

6 将饼干坯整齐地放在烤盘上，放入烤箱中，以160℃的炉温烘烤15分钟后取出，表面装饰糖粉即可。

成品

椰香开口酥

　　这是一种典型的中式甜点，在中国的广东、福建、江浙一带都有类似的做法，经常作为早茶的茶点。酥皮的制作和内馅椰蓉的配料以及烤制的火候都很重要，所以建议初学这道烘焙的小伙伴们最好做好每一次的制作笔记。记录每一次的制作细节，比如食材比例、醒发时间、烤箱上下温度设置、烤盘上下位置等信息，也可以根据自己的口味适当调整材料。

椰香开口酥

◎原料　低筋面粉① 70克，低筋面粉②100克，黄油① 50克，黄油②40克，黄油③20克，水40克，细砂糖20克，红曲粉20克，椰蓉50克，糖粉20克，蛋液20克。

◎步骤

1 将椰蓉放入容器中，加入糖粉、熔化的黄油③、蛋液，搅拌均匀后分成均匀大小的若干份，再搓成圆球状放入冰箱冷藏40分钟。

2 将低筋面粉①放入容器中，加入细砂糖、熔化的黄油②、水搅拌均匀，揉成光滑的油皮面团，盖上保鲜膜醒20分钟。

3 在低筋面粉②中加入熔化的黄油①，搅拌均匀成酥皮面团，然后加入红曲粉溶液，搅拌均匀。

4 将油皮面团分成若干
个15克的小面团，酥
皮面团分成若干个10克的
小面团。

5 将油皮面团压扁后擀
成圆形，将酥皮面团
包裹严实呈球状，再擀成
牛舌状，沿一端卷起，覆
保鲜膜静置10分钟。

6 将卷好的面卷由上向
下再擀一次，然后卷
起，静置10分钟。

7 将面卷按平，擀成圆
形，然后将椰蓉馅包
裹严实，滚呈圆形后在顶
部切一个十字切口，放
入烤箱中，以上、下火
180℃烘烤30分钟即可。

巧克力牛轧糖

◎原料　幼砂糖620克，葡萄糖浆180克，水240克，薰衣草蜜760克，蛋清200克，可可酱砖520克，去皮烤榛子500克，烤杏仁500克，开心果500克。

◎步骤

1 将幼砂糖、葡萄糖浆、水熬至170℃。

2 将蛋清打至中性发泡。

3 将加热的薰衣草蜜加入步骤1的材料中，拌匀后再倒入步骤2的材料中，边快速搅拌，边用热风枪加热打蛋桶。

4 将可可酱砖融化，加入步骤3的材料中。

5 拌匀后加入坚果，继续拌匀，放入15×10厘米的模具中擀压定型。

6 凉凉后切成喜欢的大小，可包上糖纸，装入盒子中密封保存。

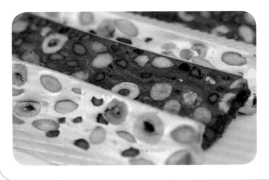

成品

棉花糖

◎原料　玉米淀粉300克，温水100克，明胶粉25克，白醋3克，水①4克，水②100克，细砂糖200克，葡萄糖粉100克，麦芽糖150克，色素1滴。

◎步骤

1 将玉米淀粉在预热100℃的烤箱里烘烤5分钟，铺平在桌子上备用；将水①、细砂糖、葡萄糖粉、麦芽糖放入锅中煮沸，转小火煮至112℃熄火冷却至80℃。

2 加入用温水溶化好的明胶液。

3 加入喜欢的色素，1滴即可。

4 将上述材料放入搅拌盆中，快速搅打至硬性发泡状（约7分钟），加入白醋和水②搅拌均匀（起稳定作用）。

5 倒入预先铺好的玉米淀粉上。

6 冷却8分钟，用模具压出喜欢的图案即可。

成品

树莓棉花糖

◎原料　水①225克，水②300克，葡萄糖浆110克，幼砂糖1000克，蛋清130克，吉利丁粉50克，树莓果蓉260克，细砂糖适量，罂粟香精2克。

◎步骤

1 将水①、葡萄糖浆、幼砂糖混合熬至126℃；吉利丁粉放入水②中溶解后倒入锅中，拌匀。

2 将蛋清打至中性发泡。

3 将罂粟香精加入树莓果蓉中，放入微波炉中加热。

4 将步骤1的材料加入
打发的蛋白中，再加
入树莓果蓉混合物。

5 持续搅打降至常温。

6 将上述材料倒入框架
模具中，表面抹平后
冷藏定型，根据需要切成
想要的大小，再粘上细砂
糖即可。

成品

杏仁巧克力

◎原料　　牛奶巧克力900克，烤无皮杏仁500克，杏仁碎300克，杏仁酱100克，糖粉适量、巧克力适量、可可粉适量，朗姆酒适量。

◎步骤

1 将牛奶巧克力隔水熔化；烤无皮杏仁打成杏仁粉，将两者倒入搅拌桶内。

2 倒入杏仁碎、杏仁酱、朗姆酒，搅拌均匀成粉团。

3 操作台上撒上过筛糖粉，将粉团搓成长条状。

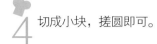
4 切成小块，搓圆即可。

5 将圆球放在烤盘中，放入冰箱冷藏降温。

6 拿出后放入融化的巧克力中滚一圈，再裹一层可可粉即可。

成品

拐杖糖

◎ 原料　　白砂糖600克，葡萄糖浆180克，盐4克，水适量，草莓色膏适量。

◎ 步骤

1 将白砂糖、葡萄糖浆、盐混合煮至152℃，将锅体放置冷水中浸泡30秒，取出五分之四拉制成白色糖体。

2 将剩余的糖液倒在高温垫上，取五分之一量加入草莓色膏，拉制出红色糖体。

3 将两种颜色糖体并列拉制成长条状，放置在高温垫上。

4 右手向上左手向下滚动糖条。

5 用剪刀剪出适当的长度。

6 将糖条一段弯曲，制作出拐杖形。

成品

MAGIC ACADEMY WORLD

美食界的魔法学院

汇聚法、意、日世界名厨师资，
培育专业西点职人

王森名厨中心

长期班 一个月法式甜品课、三个月法式甜品课、一个月咖啡课、三个月面包课、一个月西餐课

短期班 甜点进修班、和果子专修班、面包专修班、翻糖专修班、咖啡专修班、西餐专修班

扫码关注，发送关键字"大师甜品"，免费获得法国最新流行甜品
美图集一份。

地址：上海市静安区灵石路709号万灵谷花园A008
电话：021-66770255

王森名厨官方微信

王森名厨中心
WANGSEN TOP CHEF UNION

美食教育的沃土　西点工匠的摇篮

报考代码：0881

我是刘涛，
我为王森代言！

形象代言人：刘涛

日本 / 韩国 / 法国 / 美国

苏州 / 上海 / 北京 / 哈尔滨 / 佛山 / 潍坊 / 南昌 / 昆明 / 保定 / 鹰潭 / 西安 / 成都 / 武汉

王森咖啡西点西餐学校
WANGSEN BAKERY CAFE WESTERN FOOD SCHOOL

一所培养了世界冠军的院校．

PC 端网址：https://www.wangsen.com　　　　电话：4000–611–018　　　　MO 端网址：https://m.wangsen.com

享受国务院政府特殊津贴 ｜ 烘焙甜点教授 ｜ 第 44 届世界技能大赛烘焙项目个人一等功

王 森

　　王森美食文创研发中心、王森咖啡西点西餐学校、杂志《亚洲咖啡西点》创始人，其创办的王森咖啡西点西餐学校已为社会输出数万名烘焙学子，专业的教学模式培养出的学员获得了第 44 届世界技能大赛烘焙项目冠军。他联手 300 多位世界名厨成立"王森名厨中心"，一直致力于推动行业赛事发展，挖掘和培养国内行业人才。

　　他创办的王森教育集团被国家人力资源和社会保障部和财政部评为"国家级高级技能人才培训基地"。

　　王森的工作室被国家人力资源和社会保障部认证为"王森技能大师工作室"。

扫码 观 看
更多 资讯

了解更多信息请搜索

电脑端：https://www.wangsen.com/　　　手机端：https://m.wangsen.com/　　　微博号：名厨王森